AF293470

B. Eng. Axel Jörn

Konfigurationsmanagement bei Airbus

**Jörn, B. Eng. Axel: Konfigurationsmanagement bei Airbus. Hamburg, Bachelor +
Master Publishing 2015**
Originaltitel der Arbeit: Konfigurationsmanagement

Buch-ISBN: 978-3-95820-323-5
PDF-eBook-ISBN: 978-3-95820-823-0
Druck/Herstellung: Bachelor + Master Publishing, Hamburg, 2015
Covermotiv: © Kobes - Fotolia.com
Zugl. bbw Hochschule, Berlin, Deutschland, Studienarbeit, Juni 2010

Bibliografische Information der Deutschen Nationalbibliothek:
Die Deutsche Nationalbibliothek verzeichnet diese Publikation in der Deutschen
Nationalbibliografie; detaillierte bibliografische Daten sind im Internet über
http://dnb.d-nb.de abrufbar.

Inhaltsverzeichnis

Abbildungsverzeichnis

Abkürzungsverzeichnis

KM/CM	Konfigurationsmanagement / Configuration Management
AFSCM	American Federation of State, County and Municipal Employees
MIL-STD	military standard
NPC	Non-deterministic polynomial-time complete
NASA	National Aeronautics and Space Administration
CMM(I)	Capability Maturity Model
SPICE	Software Process Improvement and Capability Etermination
EN ISO	Europa Norm International Standards Organisation
IEC	International Electrotechnical Commission
TCQ	Time, Cost and Quality
GIE	groupement d'intérêt économique (französische Rechtsform)
CMMI	Capability Maturity Model Integration
KMP	Konfigurationmanagement-Plan
ICM	Institute of Configuration Management
CMII	Configuration Management II (II steht für römisch zwei)
EASA	European Aviation Safety Agency
EADS	European Aeronautic Defence and Space Company
CCMD	Configuration Conformity management and documentation
AP	Airbus procedure
AM	Airbus Method
AIR	Assembly Inspection Report
MSN	Manufacturing Serial Number
RFC	Request for Change
SCN	Specification Change Note
SA /LR/DD	Single Aisle/ Long Range / Double Deck
DLH04	Deutsche Lufthansa Version 4
AFR02	Air France Version 2

1. Einführung in das Konfigurationsmanagement

Damit bei der Erprobung und Entwicklung von technischen Konstruktionen (Software, Hardware) kein Durcheinander auftritt, braucht man einen einheitlichen Management Prozess, der grundlegende Aktivitäten reguliert und dokumentiert. Die hier vorliegende Arbeit befasst sich daher mit dem allgemeinen Konfigurationsmanagement (KM) und dem bei der Firma Airbus modifizierten Configuration Management (CM) Prozess. Das Ziel dieser Arbeit ist es, die Geschichte, Funktion und Anwendung dieser Disziplin anhand eines Vergleichs zwischen Theorie und Praxis näher zu beleuchten. Sie soll außerdem aufzeigen, wie adaptionsfähig dieser Prozess ist und wie weit interpretierbar die Vorgaben eines solchen Prozesses sein können.

1.1. Geschichte und Allgemeines

Anfang der 1950er Jahre wurden in den Vereinigten Staaten von Amerika kostspielige Versuche mit Flugkörpern verschiedenster Art gemacht. Dabei wurden unterschiedliche Systeme in verschiedenen Konfigurationen hergestellt und getestet. Durch diese Untersuchungen sollten die besten Konfigurationen herausgefunden werden. „Von ca. 1000 abgeschossenen Flugkörpern mit unterschiedlichen Einstellungen explodierten nur wenige im Ziel – viele explodierten beim Start oder in der Luft."[1] Ein Reverse Engineering war aufgrund der mangelhaften Aufzeichnungen damit nicht mehr möglich, denn es konnte nicht mehr festgestellt werden, wo der Unterschied zwischen den Flugkörpern, die das Ziel erreichten und denen, die vorher explodierten, war. Kleinste Änderungen mit oft großen Auswirkungen wurden nicht dokumentiert daher war es unmöglich, die Ursachen für einen erfolgreichen Test nachzuvollziehen. „Künftig durften Änderungen an militärischen Erzeugnissen nur noch gemacht werden, wenn auch die Dokumentation entsprechend geändert wurde. Die ersten Vorschriften, in denen dies gefordert wurde, entstanden."[2] Diese Vorschriften zur Verwaltung und Änderungen von Konfigurationen sind bereits Anfang der 1960er Jahre erlassen worden: der MIL-STD-480, die AFSCM 375 Systems Management Serie der amerikanischen Luftwaffe oder das Apollo Configuration Management Manual NPC 500-1 der NASA. Diese Standards wurden ursprünglich für elektrische und mechanische Konstruktionen im militärischen Bereich entwickelt. „Doch KM ist im Wesentlichen unabhängig davon, was

---

[1] Vgl. Verstegen, G. (2003). S. 1.
[2] Vgl. ebda. S. 2.

entwickelt und hergestellt wird und ob dies für militärische oder kommerzielle Zwecke geschieht."[3] Das Vorgehen bei der Entwicklung von Software unterscheidet sich von dem der Hardwareentwicklung. Da Software flexibler ist als Hardware und während der verschiedenen Lebenszyklen eines Produkts eine Vielzahl von Problemen auftreten können, ist bei einem Erzeugnis mit Softwareanteilen oder reinen Softwareerzeugnissen ein funktionierendes und gut angepasstes KM unabdingbar. Deshalb nutzen heute eine Vielzahl verschiedenster Unternehmen das KM. Einige bekannte Vertreter sind Airbus, Audi, Bank of America, BMW, Boeing, Daimler Chrysler, Deutsche Bank, Deutsche Telekom, Eurocopter, Ford, IBM, Infinion, Nokia, Opel, Philips, Rolls-Royce und Siemens.[4] Anforderungen an das KM sind heute in den üblichen Qualitätsstandards und Reifegradmodellen enthalten. Ob ein Unternehmen diese Anforderungen erfüllt und wie genau dies erfolgt, hängt von unterschiedlichen Faktoren ab. „Zur Bewertung werden Assessments in Bezug zu Reifegradmodellen, wie zum Beispiel CMM(I), SPICE (ISO/IEC TR 15504), durchgeführt."[5] Wie diese Anforderungen erfüllt werden, ist jedem Unternehmen selbst überlassen, die meisten jedoch greifen auf Standard-Prozessmodelle zurück. Organisatorisch wird das KM meist auf Projektebenen angesiedelt, um die Ergebnisse zu sichern (Configuration Control) und um Vorgaben für jede an der Entwicklung beteiligten Person in einem KM-Plan zu dokumentieren. Da sich Projekte oft ähneln, ist es sinnvoll, einen generischen KM-Plan zu entwickeln, von dem projektspezifische Pläne abgeleitet werden. Produktentwicklungen aus Elektronik, Mechanik und Software wie Flugzeuge, Kraftfahrzeuge oder Steuergeräte sind gängige Vertreter dieses Vorgehens. Ein optimaler KM Prozess sollte projektübergreifend funktionieren und wird deshalb innerhalb eines Unternehmens oft als Kernprozess, ähnlich wie das Qualitätsmanagement oder die IT, angesiedelt. „Ein solches zentrales Konfigurationsmanagement wird immer mehr zu einem Informationspool werden, in dem alle freigegebenen Informationen eines Unternehmens strukturiert abgelegt und veröffentlicht werden."[6] Die folgende Abbildung soll das Konfigurationsmanagement als Informationspool veranschaulichen.

---

[3] Vgl. Verstegen, G. (2003).S.2.
[4] Vgl. ebda. S.142.
[5] Vgl. ebda. S. 3.
[6] Vgl. ebda. S. 4.

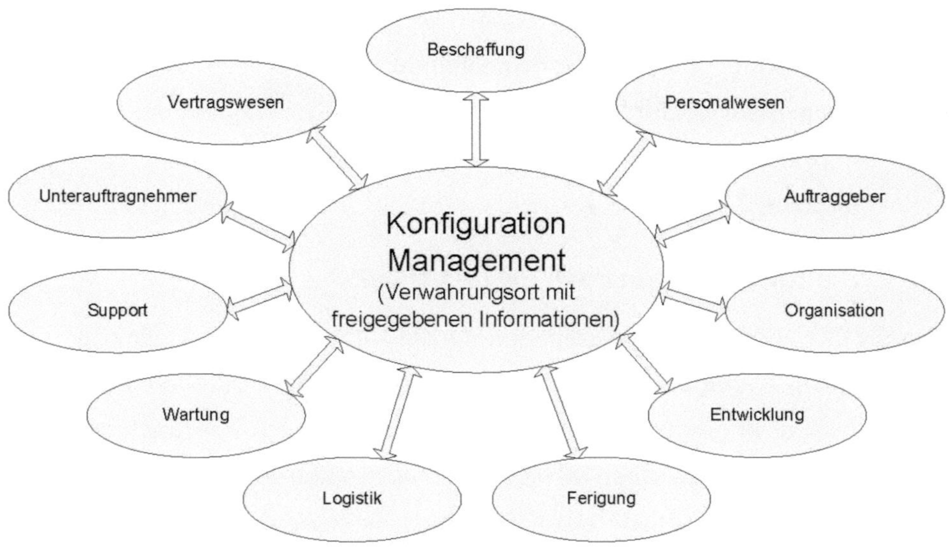

Abbildung 1: KM als Informationspool

Vgl. Verstegen, G.(2003). S. 4.

1.2. Grundlagen des Konfigurationsmanagements

Im CMMI des Instituts der Carnegie Mellon University, Pittsburgh USA heißt es: „Konfigurationsmanagement ist eine Disziplin, welche technische und administrative Vorschriften enthält die nötig sind, um Konfigurationseinheiten (Configuration Items) zu identifizieren und deren funktionale und physische Eigenschaften zu dokumentieren, Änderungen an diesen Eigenschaften zu steuern, Änderungs- und Implementierungsstati aufzuzeichnen und zu veröffentlichen und die Erfüllung der spezifizierten Anforderungen zu verifizieren."[7] CMMI ist ein Reifegradmodell und vereint die Modelle für Software, System Engineering und Integrated Product Development zu einer Einheit. Mit Hilfe von CMMI sollen Unternehmen ihre Prozesse bewerten und verbessern können. Eine Konfigurationseinheit ist hierbei eine Kombination aus Hardware, Software und Dienstleistungen oder eine mögliche Unterteilung davon. „Die ISO 9000 hat keine Definition bezüglich Konfigurationsmanagement, enthält jedoch Anforderungen, die denen des Konfigurationsmanagements entsprechen:

- „…der Lieferant muss alle Verfahren dokumentieren und dafür sorgen, dass das Design des Erzeugnisses den Anforderungen entspricht.

---

[7] Vgl. Verstegen, G. (2003).S. 5.

- …sämtliche Dokumente müssen vor ihrer Verwendung geprüft werden. Die aktuell gültigen Versionsstände der Dokumente sind in einer Stammliste einzutragen.
- …Änderungen an Dokumenten müssen geprüft und freigegeben werden."[8]

1.2.1. Die KM Definition nach EN ISO 10007

Die EN ISO 10007:1996 als Leitfaden für KM enthält folgende Definition:

„KM ist eine Managementdisziplin, die über die gesamte Lebensdauer eines Erzeugnisses angewandt wird, um Transparenz und Überwachung seiner funktionellen und physischen Merkmale sicherzustellen. Hauptziel von KM ist, die gegenwärtige Konfiguration eines Erzeugnisses sowie den Stand der Erfüllung seiner physischen und funktionellen Forderungen zu dokumentieren und volle Transparenz herzustellen. Ein weiteres Ziel ist, dass jeder am Projekt Mitwirkende zu jeder Zeit des Erzeugnislebenslaufs die richtige und zutreffende Dokumentation verwendet. Der KM Prozess umfasst die folgenden integrierten Tätigkeiten: Identifizierung, Überwachung, Buchführung und Auditierung."[9]

An diesem Punkt beginnt die Modifizierbarkeit des gesamten KM, denn es gibt für diese vier Punkte keine einheitlichen Definitionen. „Die meisten Definitionen sind sehr ähnlich wie diese und beinhalten die folgenden Tätigkeiten:

- Die Identifizierung soll die Erzeugnisstruktur definieren und die Konfigurationseinheiten auswählen.
- Dokumentation der physischen und funktionellen Merkmale von Konfigurationseinheiten in eindeutig gekennzeichneten, sogenannten Konfigurationsdokumenten.
- Aufstellen und Verwenden von Regeln zur Numminierung von Konfigurationseinheiten, ihren Teilen und Zusammenstellungen von Dokumenten, Schnittstellen, Änderungen und Sonderfreigaben vor und nach der Realisierung.
- Einrichten von Bezugskonfigurationen durch formalisierte Vereinbarungen. Diese bilden zusammen mit ihren genehmigten Änderungen die aktuell vereinbarte und somit gültige Konfiguration."[10]

Nachdem ein Dokument das erste Mal freigegeben wurde, sollten alle Änderungen überwacht werden. „Die Konfigurationsüberwachung schließt die

---

[8] Vgl. Verstegen, G. (2003) S. 6.
[9] Vgl. ebda.
[10] Vgl. ebda. S. 7.

folgenden Tätigkeiten ein, die im Einzelnen in einem Änderungsverfahren dokumentiert sein sollten:

- Dokumentation und Begründung der Änderungen
- Beurteilung der Änderungsauswirkungen
- Genehmigung oder Ablehnung der Änderung
- Bearbeitung von Sonderfreigaben (so genannte Deviations und Waivers) vor oder nach der Realisierung"[11]

Um die Rückverfolgbarkeit von Modifikationen auf die letzte Bezugskonstruktion ermöglichen zu können, gibt es die Konfigurationsbuchführung. Die hierfür benötigten Aufzeichnungen und Berichte sollten als Nebenprodukte aus den Identifizierungs- und Überwachungstätigkeiten hervorgehen. Um sicher sein zu können, dass ein Produkt den vertraglich spezifizierten Anforderungen entspricht und dass das Erzeugnis in seinen Dokumenten richtig dargestellt ist, sollte vor der Abnahme einer Bezugskonfiguration ein Konfigurationsaudit durchgeführt werden. „In der Regel gibt es zwei Arten von Konfigurationsaudits:

- Funktionsbezogenes Konfigurationsaudit: Formale Prüfung einer Konfigurationseinheit, ob sie die in ihren Konfigurationsdokumenten festgelegten Leistungen und funktionellen Merkmale erreicht hat.
- Physisches Konfigurationsaudit: Formale Prüfung der „Ist"-Konfiguration einer Konfigurationseinheit, ob diese ihren Konfigurationsdokumenten entspricht."[12]

1.2.2. Der KM-Plan

Der KM-Prozess und alle notwendigen Verfahren sollten in einem so genannten Konfigurationsmanagement-Plan (KMP) niedergeschrieben werden. „Ein KMP gibt es für die organisationsinterne Anwendung, für Projekte oder aus Vertragsgründen."[13] Ein KMP definiert für jedes Projekt welches Verfahren von welcher Instanz in welchem zeitlichen Rahmen durchführt. Bei einer mehrstufigen Vertragsstruktur innerhalb eines Projekts wird in der Regel der KMP des Hauptauftragnehmers auch als Hauptplan angewandt. Jeder Unterauftragnehmer sollte einen Plan in den des Hauptauftraggebers einschließen oder seinen eigenen Plan erstellen und als eigenständiges Dokument veröffentlichen.

---

[11] Vgl. Verstegen, G. (2003) S. 7.
[12] Vgl. ebda.
[13] Vgl. ebda.

1.2.2. Das projektübergreifende CM II

„Das Institute of Configuration Management (ICM) verfolgt mit dem Konfigurationmanagementprozess CMII den Ansatz eines einheitlichen, projektübergreifenden Konfigurationsmanagements."[14] Und definiert das CMII wie folgt: „KM ist der Prozess, der Erzeugnisse, Einrichtungen und Prozesse einer Organisation in Form von Anforderungen (an die Erzeugnisse, Einrichtungen und Prozesse) einschließlich deren Änderungen verwaltet und gewährleistet, sodass die Ergebnisse immer konform mit den verwalteten Anforderungen sind. In dem Prozess werden alle Informationen, (d.h. nicht nur erzeugnisspezifische), die einen Einfluss auf die Sicherheit, Qualität, Planung, Kosten, das Betriebsergebnis oder die Umwelt haben können, verwaltet."[15] Er soll dafür sorgen, dass Korrekturmaßnahmen minimiert bzw. im Idealfall eliminiert werden. Diese durchgängige Konformität stammt aus den Reifegradmodellen und Qualitätsstandards und kann erreicht werden indem,

- nur auf Basis von dokumentierten Anforderungen gearbeitet wird
- diese Anforderungen in zentralen Verwaltungsorten abgelegt werden
- die Anforderungen stets klar, knapp und gültig sind
- mit Hilfe von Dokumenten, Formularen und Aufzeichnungen (Records) nachvollziehbar und interpretationsfrei kommuniziert wird,
- die Anforderungserfüllung von klaren und schnell umsetzbaren Akzeptanzkriterien nachgewiesen wird und
- die gesamte Integrität bei Änderungseinarbeitung gewährleistet ist und alle Anforderungen klar und gültig bleiben

„Der CM II Gesamtprozess besteht aus folgenden vier Teilprozessen:

- Definitions- und Strukturierungsprozess
- Anforderungs-Freigabeprozess
- Anforderungs-Änderungsprozess
- Erzeugnis-Änderungs- und Freigabeprozess"[16]

Weitere Informationen wie aktuell gängige CM-Software, Trainingsanbieter und Trainingsabstufungen mit den entsprechenden Preisen findet man auf der Homepage des Institute of Configuration Management: http://www.icmhq.com. Hier gibt es auch Erfolgsgeschichten und eine kurze chronologische Auflistung der Geschichte des CM und CM II sowie eine Liste der nach CM II zertifizierten Unternehmen in deren Zertifizierungsabstufungen.

---

[14] Vgl. Verstegen, G. (2003) S. 57f.
[15] Vgl. ebda. S. 58.
[16] Vgl. ebda. Auf diese vier Subprozesse soll in dieser Abhandlung nicht eingegangen werden.

1.2.3. Adaptierung und Änderung des KM-Prozesses

Da heute die Arbeiten oft auf verschiedene Entwicklerteams verteilt werden, ergeben sich für das KM zusätzliche Probleme, wie z.B. die erschwerte Kommunikation wenn Teams über mehrere Zeitzonen hinweg verteilt sind. Dabei müssen technische Hürden (Infrastruktur), psychologische Hürden (einzelne Anwender), kulturelle Hürden (Mentalitätsunterschiede) und politische Hürden (Einfluss innerhalb des Projektes) überwunden werden. Die Anzahl der Mitarbeiter, Standorte und Nationen im Unternehmen sind bei der KM Adaption zu berücksichtigen. Gerade dabei ist ein geschickt modellierter und produktspezifisch abgestimmter KM-Plan, wonach alle an einem Strang ziehen, unerlässlich. Auch die Geschichte und Geschäftsstrategie eines Unternehmens ist von Bedeutung. Die Eigenschaften der IT-Struktur sind ebenfalls wichtige Modellierungskriterien. So sind Datenablage (zentral oder dezentral), Umfang des Zugriffes auf Daten und die Art und Häufigkeit der Synchronisierung entscheidende Faktoren und müssen mit dem KM in Einklang stehen. Auch die Aktionen im Fehlerfall (wer muss welche Eskalationsmaßnahmen an welche Ansprechpartner kommunizieren) dürfen dabei nicht außer Acht gelassen werden. Eine der schwierigsten Herausforderungen bei der Anpassung ist die Frage der Verantwortlichkeiten. „Gleichzeitig ist es auch derjenige Aspekt, der für den weiteren Verlauf des Projektes die größten Risiken aus KM Sicht in sich birgt. Entscheidungen werden häufig nicht auf Grund harter Fakten getroffen; das politische und psychologische Element spielt hier auf allen Ebenen der Projekt- und Unternehmenshierarchie eine gewichtige Rolle."[17] Deshalb stößt man meist auf Widerstände, wenn Mitarbeiter entgegen ihrer Gewohnheit an Artefakten keine Änderungen mehr vornehmen sollen. Solche Widerstände sind häufig der Grund für Kompromisse. Das KM-System hat die Aufgabe, einen bestimmten Zustand eines Projektes jederzeit wieder reproduzieren zu können. Daher sollte man Updates (seien es technologische, projektspezifische oder unternehmensweite) von KM-Tools im laufenden Projekt unter allen Umständen vermeiden. „Vergleicht man ein Projekt mit dem menschlichen Organismus, so fällt dem KM-Werkzeug am ehesten die Rolle des Herz-Kreislauf-Systems zu. Es ist für alle Bereiche des Projektes von lebenswichtiger Bedeutung und stellt die Informationen bereit."[18] Ein Update ist daher gleichzusetzen mit einer Herzoperation geht diese daneben, kann das Projekt sterben. Genauso ist eine optimale Vorbereitung der Schlüssel zum Erfolg.

---

[17] Vgl. Verstegen, G. (2003) S.24.
[18] Vgl. ebda. S. 25.

2. Das Konfigurationsmanagement bei Airbus

Wie bereits im ersten Kapitel anklang, kann die Umsetzung des KM von Branche zu Branche und von Produkt zu Produkt unterschiedlich ausfallen. In diesem Kapitel sollen die Modifizierung des KM beim Flugzeughersteller Airbus und die daraus entwickelten Subprozesse und „main streams" betrachtet werden.

2.1. Modifizierung des KM & Entwicklung der Subprozesse

Die Airbus-Industrie (GIE) wurde 1970 aus der französischen Aerospatiale und der Deutschen Airbus gegründet. 1971 stießen der spanische Flugzeugbauer CASA und 1979 British Aerospace dazu. Das Unternehmen hat derzeit ca. 52.000 Mitarbeiter[19] und erwirtschaftete im Jahr 2008 einen Umsatz von 27.453 Mio. Euro.[20] Bei der Implementierung des KM in dieses Unternehmen musste zum einen auf die nationalen Normen der Airbus-Nationen und zum anderen auf internationale Normen Rücksicht genommen werden. Außerdem galt es, die unterschiedlichen Softwaretools für Entwicklung, Design und Dokumentation zu berücksichtigen. Ebenfalls mussten die Belange der Produktstruktur und der Geschäftsprozesse gewahrt werden.

2.1.1. Die 1. Dimension: Die 4 CM Disziplinen & das CM Steering

Wie in der Abbildung 2 dargestellt, lauten die vier Hauptaktivitäten im Airbus KM Identification, Change Control, Status Accounting und Audits. Sie werden durch die fünfte Disziplin, das CM Steering, überwacht und stehen im Zusammenhang.

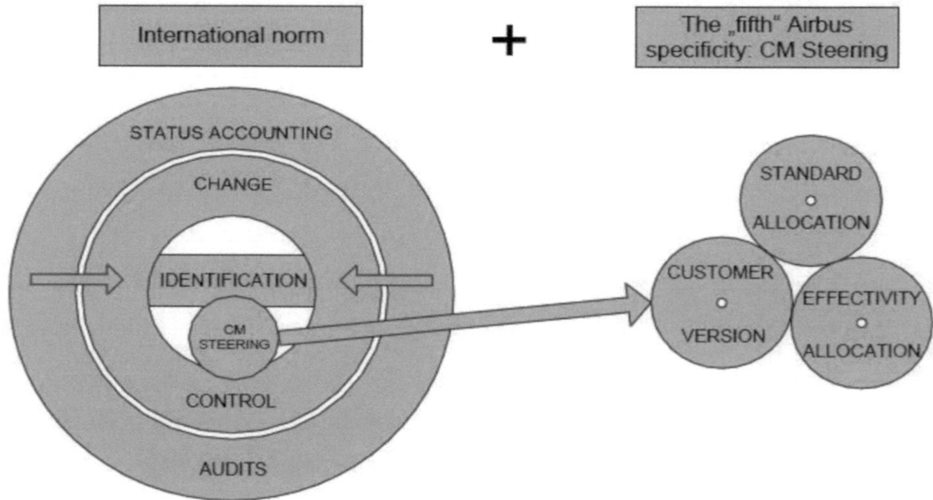

Abbildung 2: Die fünf KM Disziplinen bei Airbus & das CM Steering
Vgl. AP 1007 Issue A (2003) S. 3.

---

[19] Vgl. URL_Airbus.
[20] Vgl. URL_EADS: eads Geschäftsbericht 2008.: S.41.

- Die Disziplin "Identification" soll die Kostenidentifikation des Produktes gewährleisten und das Anzeigen der einzelnen Produktbestandteile in die jeweiligen Geschäftsprozesse und Managementebenen ermöglichen. Eine Einordnung des Produktes in die einzelnen Phasen seines Lebenszyklus soll möglich gemacht werden.

- Die Aktivität "Change Control" soll die Notwendigkeit der Produktänderung identifizieren, anzeigen und auslösen, sowie die Auswirkungen einer Änderung untersuchen. Sie soll Entscheidungen treffen hinsichtlich Autoritäten in Bezug auf Zeit, Kosten und Qualität sowie die Implementierung der Änderung überwachen.

- Das "Status Accounting" ist verantwortlich für die Aufzeichnung der Produktkonfiguration während des gesamten Lebenszyklus und für die Verfolgung der Ursachen und Verantwortlichkeiten, die zu Änderungen führen.

- "Audit" ist der Überbegriff für sämtliche Aktivitäten und Dokumente des Überprüfens, Bewertens, Genehmigens und Zulassens hinsichtlich der Übereinstimmung der Leistungseigenschaften einer definierten Änderung. Bei Airbus kommen unter anderem die Zulassungszertifikate: „Release Certificate EASA Form 1 und Form 52" zur Anwendung.

- Das "CM Steering": Besteht aus den drei Unterdisziplinen Standard Allocation, Customer/Version Allocation und Effectivity Calculation.[21] Es ist eine Methode um sicherzustellen, dass jeder Geschäftsprozessschritt in den verschiedenen KM Aktivitäten konform zu den strategischen Geschäftszielen verläuft. Außerdem soll es sicherstellen, dass das Produkt den Kunden zufrieden stellt und rechtzeitig innerhalb der kalkulierten Kosten und der geforderten Qualität geliefert wird.

2.1.2. Die 2. Dimension: Die Produktstruktur

Die Produktstruktur soll, neben anderen Funktionen, hauptsächlich eine Aussage über Design, Definition und Management während des gesamten Lebenszyklus eines Flugzeuges geben. Sie gewährleistet die genaue Abgrenzung und Verwaltung der einzelnen Bestandteile eines komplexen Produktes und dient bei Airbus als Grundlage für gemeinsame Datenbanken der einzelnen Airbus-Nationen. Sie ist eine hierarchische Anordnung eines Produktes

---

[21] Auf diese 3 Aktivitäten soll in dieser Abhandlung nicht weiter eingegangen werden.

(Hauptkomponenten wie Sektionen oder Flügel, Zusammenbauteile und Einzelteile) abgelegt in einer Datenbank und gleichzeitig eine organisierte Sammlung aus Geschäfts- und Technikinformationen. Zudem soll sie die Einheitlichkeit der Informationen verbessern und ein Produkt bis in seine kleinsten Einzelteile zerlegen können. Die nachfolgende Darstellung bietet einen groben Überblick über die Airbus Produktstruktur.

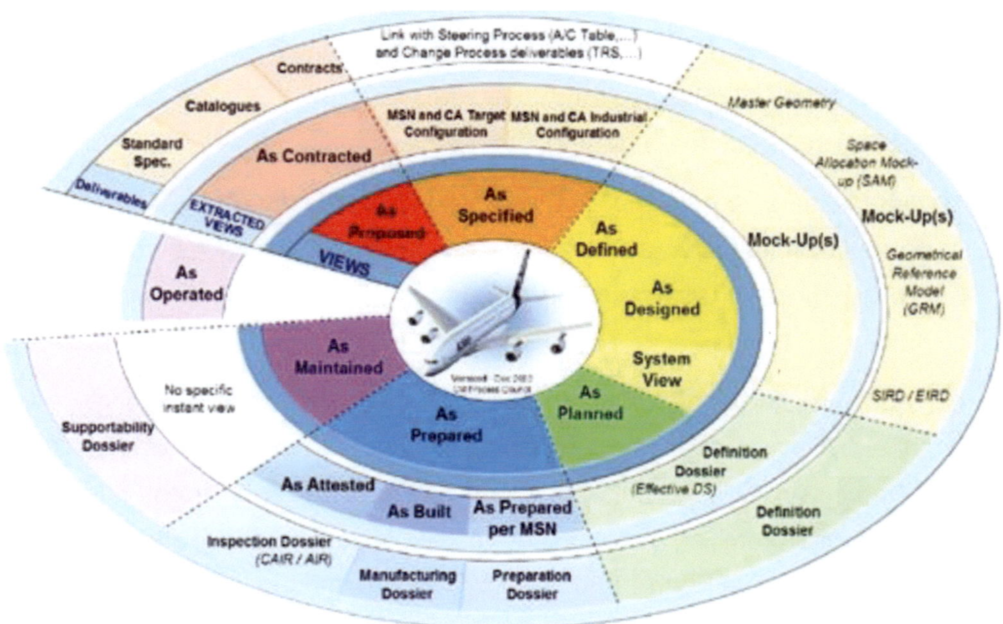

Abbildung 3: Product Structure layers and extracted views at Airbus.

Vgl. AP 2641 Issue B (2005) S. 9.

2.1.3. Die 3. Dimension: Der Geschäftsprozess

Das Konfigurationsmanagement ist ein Querprozess durch alle Geschäftsprozesse (siehe Abbildung unten) - von der Entwicklung eines neuen Flugzeuges über den Änderungsprozess und Wartungsprozessen bis hin zu Umrüstung und Außerdienststellung eines Flugzeuges. Kein Wunder, dass das KM ein Kernprozess bei Airbus ist und ein Großteil der Mitarbeiter auf diesem Gebiet geschult wird. So heißt es in einer Ausgabe der Flugrevue: „Der Fokus bei den Einstellungen liegt nach Einschätzung der Personalleiterin auf den so genannten "Airbus Key Competences", wie zum Beispiel Konfigurationsmanagement, Lean-Production, Composite Design oder Stressverhalten von Bauteilen und Baugruppen."[22] Das EADS

---

[22] Vgl. Stolzke, H. (2010) S. 78.

Tochterunternehmen Airbus ist nach CM II Kursstufe X oder höher zertifiziert.[23]
Die Kursstufe X (römisch 10) „CM II Awareness" ist eine von 16 Stufen.[24]

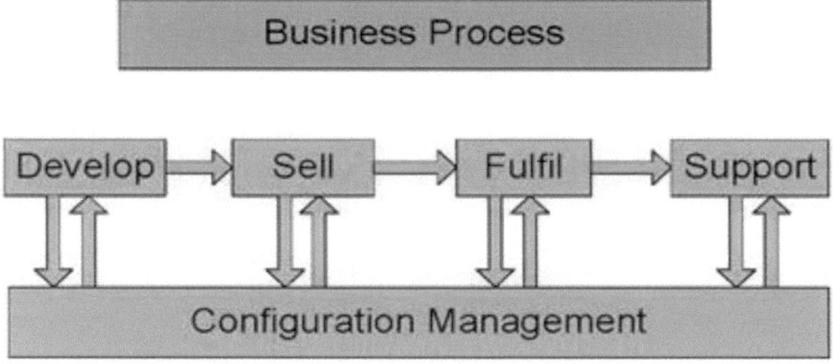

Abbildung 4: Geschäftsprozessübersicht bei Airbus

Vgl. CM Overview Presentation. S 11.

2.1.4. Die Ableitung der Subprozesse und der „Main streams"

Aus den oben aufgeführten Dimensionen und dem Umstand, dass die Firma Airbus sich über die Länder Frankreich, Spanien, Großbritannien und Deutschland verteilt, hat man acht Subprozesse generiert, welche die Haupt KM Aktivitäten bei Airbus abdecken. Die nächste Abbildung soll dies verdeutlichen. Zu den einzelnen Subprozessen lassen sich die jeweiligen KM Disziplinen zuordnen. Aus unterschiedlichen Kombinationen der Subprozesse lassen sich drei „Main streams" zusammensetzen. Die drei „Streams" lauten wie folgt:

Entwicklung eines neuen Flugzeuges oder eines Major Change[25]

- Startet bei der Marktidee und dem Konzept eines Produktes (oder „Major Change"), und geht über den Entwurf, Entwicklung, Zertifizierung und bis hin zur Serienproduktion.
- Involvierte Subprozesse: P1 (Produktstruktur), P2 (Airbus Offer Management) und P6 (CCMD [Configuration Conformity Management and Documentation] Authorities).

Spezifikation und Produktion eines individuellen Flugzeuges

- Dieser „Zweig" beginnt bei der Bestellung, läuft über die Spezifikation und liefert dem Kunden ein komplett getestetes Produkt. Außerdem begleitet er das Flugzeug nach der Indienststellung.
- Involvierte Subprozesse: P1 (Produktstruktur), P5, P6, P7 (CCMD Attestation, Authorities, Customer) und P8 (Steering).

---

[23] CM II Grads: http://icmhq.com/cmii-ipe_insight/cmii-organizations/
[24] Die Bedeutung der 16 Stufen findet man auf CM II Homepage: http://www.icmhq.com.
[25] Major Change: z.B. die Entwicklung eines neuen Fahrwerkes oder Systemes.

Untersuchung einer Änderung und deren Implementierung

- Dieser Strang ist verantwortlich für die Initialisierung, Untersuchung bis hin zur erfolgreichen Implementierung einer Änderung.
- Involvierte Subprozesse: P2 (Airbus Offer Management) und P3 (Change Process).[26]

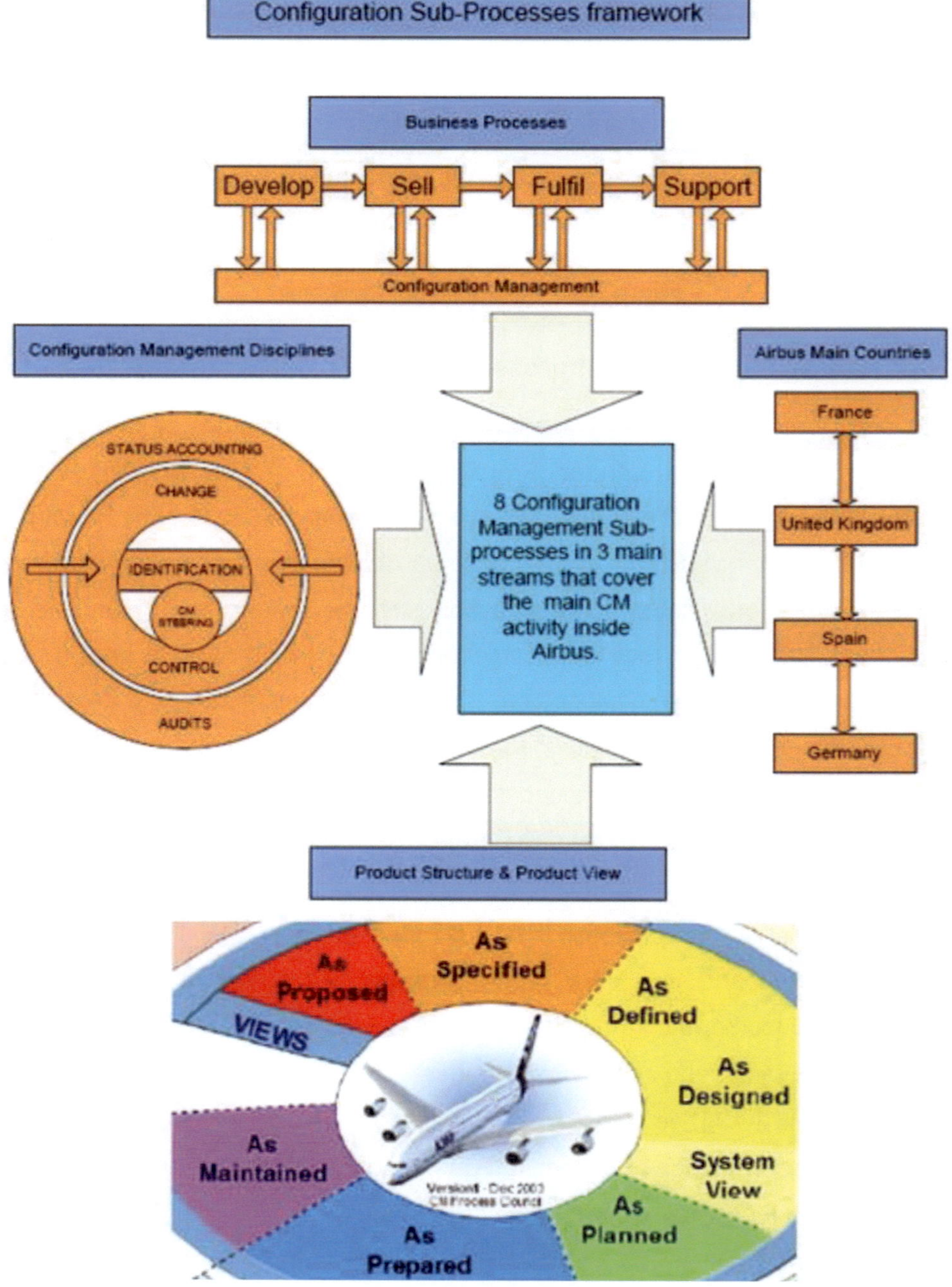

Abbildung 5: Die Entwicklung der 8 Subprozesse bei Airbus

Vgl. CM Overview Presentation. S 13.

---

[26] Die Beschreibungen der 8 Subprozesse finden sich im Text weiter unten.

Die oben beschriebenen Hauptstränge wiederum können sich überschneiden. So werden beispielsweise im A380 Programm ständig Neuerungen entwickelt und implementiert, während es gleichzeitig Maschinen gibt, die bereits im Liniendienst fliegen. Das KM wird jedoch nicht nur für die Produktion von Flugzeugen genutzt, es wird genauso für Systeme, Software, Ersatzteile, Simulatoren, Teststände und technische Dokumente eingesetzt.

2.2. Beschreibung der Subprozesse

Die acht Subprozesse verweisen auf detaillierte Methoden und Prozeduren, welche durch bestimmte Softwaretools unterstützt und teilweise koordiniert werden. Im Folgenden soll die Funktion der Subprozesse am Produkt „Flugzeug" grob beschrieben werden und ggf. auf genauere Methoden verwiesen werden.

2.2.1. Prozess 1: „Product Structure"

Der Prozess "Product Structure definition / evolution" entspricht der KM Disziplin "Identification" und soll den Aufbau eines Produktes sowie die betroffenen Instanzen identifizieren. Dieser Prozess besagt vereinfacht: Für ein vorgegebenes Produkt muss eine Einordnung in Komponenten erfolgen. Jede dieser Komponenten muss anschließend einzeln verwaltet werden. Das heißt, dass die Disziplinen "Baseline", "Change Control", "Status Accounting" und "Audit" auf Komponentenlevel und in den entsprechenden Abteilungen angewandt werden. Relevante Methoden und Prozeduren sind: AP (Airbus Procedure) 2610 "Advanced identification of parts and product related documents", AP 2641 "Product structure", AP 2135 "Constituent Assembly" und AP 2636 "Functional Item Number".

2.2.2. Prozess 2: „Airbus Offer Management"

Der Prozess "Airbus Offer Management (Standard Specification/Catalogue)" entspricht den KM Disziplinen "Identification" und " CM Steering". Er unterstützt die vertraglichen Vereinbarungen für z.B. Flugzeugsysteme und Kabinenarchitektur und ist organisiert in drei Hauptaktivitäten:

- Antwort auf Kundenwünsche mit Elementarfunktionen und technischen Lösungen. Präsentation von förderungswürdigen technischen Lösungen.
- Annahme von Bestellungen basierend auf Standard Spezifikationen und Katalogen. (Configuration Guides)
- Förderung einer erweiterten Sicht des Kunden bei der vertraglichen Definition. (Creation of an extracted view).

2.2.3. Prozess 3: „Change Process"

Der "Change Process" entspricht der KM Disziplin "Change Control" und beschreibt das Vorgehen bei der Umsetzung einer Produktänderung. Er wird bei Airbus in die folgenden Aktivitäten eingeteilt: „Initialization", „Evaluation", „Investigation" und „Implementation".

- Initialization ist die Aufzeichnung der vorgeschlagenen Änderung und eine grobe Einschätzung derselbigen.
- In der Evaluationsphase wird eine vorläufige Analyse der Änderung in allen Expertenteams durchgeführt und es wird entschieden, welche Teams in welchem Umfang betroffen sind. Die führende Abteilung (meist die mit den größten Auswirkungen) hat die Aufgabe, das „Evaluation Sheet"[27] zu erstellen.
- In der Investigationsphase werden detaillierte Auswirkungen einer Änderung bezüglich Technik, Ressourcenbedarf und Kosten aller beteiligten Abteilungen aufgestellt.
- Während der Implementierungsphase wird das komplette Design (Zeichnungen, Modelle und Stücklisten) erstellt und die Lösungen werden nach den Kundenvorgeben für gültig erklärt.

Genauere Angaben sind z.B. in der AP 2078 „Change Process during concept / definition phase" zu finden.

2.2.4. Prozess 4: „Baseline creation"

Die "Baseline creation"[28] entspricht der CM Disziplin "Status Accounting". Im Groben geht man hierbei wie folgt vor: Für ein Produkt oder einzelne Komponenten müssen zu bestimmten Zeitpunkten im Produktlebenszyklus die entsprechenden technischen Daten untersucht werden. Sämtliche Weiterentwicklungen und Änderungen werden auf Basis dieser Daten (Baseline References) durchgeführt. Die Erstellung der "Baseline References" (Modifications, Drawings, Work Orders...) ist abhängig von signifikanten Punkten im Produktlebenszyklus einer Maschine. Die genaue Vorgehensweise finden sich in der AM (Airbus Method) 2022 "Configuration Baseline".

---

[27] Eine Beschreibung dieses Dokumentes wird in dieser Arbeit nicht vorgenommen.
[28] Der genaue Titel lautet: "Baseline creation (by MSN): extraction of RFC/SCN (Request for Change/ Specification Change Note), modifications, drawings, work orders, ..."

2.2.5. Prozess 5-7: „CCMD (Attestation, Authorities und Customer)"

Die drei Subprozesse der "Configuration Conformity management and documentation" Attestation, Authorities und Customer sind ebenfalls mit der CM Disziplin "Status Accounting" gleichzusetzen - zusätzlich kommen jedoch die "Audits" hinzu.

- Prozess 5: CCMD (Attestation): Dieser Prozess soll sicherstellen, dass ein Flugzeug konform mit seinen entsprechenden Spezifikationen ist. Dabei werden während der Produktion sogenannte "Definition Dossiers"[29] erstellt bzw. ständig aktualisiert. Für die Erstellung eines "Definition Dossier" werden "Inspection Reports"[30] durchgeführt.
- Prozess 6: CCMD (Authorities): Hat dieselben Aktivitäten wie der Prozess 5 mit dem Unterschied, dass hierbei nicht die Konformität nach Spezifikation, sondern nach Flugtauglichkeit gesichert wird.
- Prozess 7: CCMD (Customer): Hat ebenfalls die gleichen Aktivitäten wie der Prozess 5. Er stellt jedoch die Übereinstimmung nach Kundenvorgabe sicher.

Hier lauten die Prozeduren: AP 2653 „CCMD (Attestation), AP 2104 „Assembly Inspection Report", AP 2048 „Criteria for recording equipment in AIR (Assembly Inspection Report)" und AP 2006 „Concessions".

2.2.6. Prozess 8: „CM steering"

Der 8. Subprozess "CM Steering" besteht aus den Aktivitäten "Standard Allocation", "Customer / Version Allocation" und "Effectivity Calculation".

- Im "Standard Allocation Process" wird die Bestellung eines Kunden in den Produktionsplan der einzelnen Flugzeugprogramme (SA, LR, DD) und den jeweiligen Standards (z.B. A340-600, A340-500, A330-200)[31] eingearbeitet. Es werden die MSN`s zugeteilt, Meilensteine festgelegt und die Auslieferung vorausgesagt.
- Bei der "Customer / Version allocation" wird dem Kunden der Vertrag mit den Lieferterminen der einzelnen Flugzeuge seiner Bestellung pro Flugzeugprogram unterbreitet. Und es werden die MSN`s mit gleichen Konfigurationen in einzelne Versionen (DLH04, AFR02) eingeteilt und in den "Aircraft Allocation Plan" gesteuert. Von hier aus ist es möglich, die komplette Stückliste zu extrahieren.

---

[29] Eine Beschreibung dieses Dokumentes wird in dieser Arbeit nicht vorgenommen.
[30] Eine Beschreibung dieses Dokumentes wird in dieser Arbeit nicht vorgenommen.
[31] Eine genaue Zuordnung der Standards soll in dieser Arbeit nicht Erfolgen.

- Im Falle einer Änderung bestimmt die "Effectivity Calculation" die Flugzeuge im "Aircraft Allocation Plan", welche für dieselbige noch erreichbar sind. Es ist ein Airbus Grundsatz, dass Änderungen für alle Maschinen, beginnend bei der Maschine, bei welcher die Änderung zum ersten Mal umgesetzt wurde, zur Anwendung kommt. Die AP2177 "Effectivity" stellt für dieses Thema die Vorgaben.

3. Zusammenfassung

Anhand der Gegenüberstellung von Theorie bzw. Normung zu dem bei Airbus modellierten KM Prozess lässt sich erkennen, dass es sich um eine außerordentlich weit interpretier- und erweiterbare Disziplin handelt. Diese Tatsache jedoch mindert keineswegs die Wichtigkeit dieses Vorgehens für Unternehmen mit sehr komplexen Produkten und einer bestimmten Größe. Die Definition nach ISO lässt für Anpassungen sehr viel Spielraum. Ein Unternehmen kann nach seinen speziellen Anforderungen die einzelnen Hauptpunkte auf beliebige Art und Weise erfüllen. Die Form der Kommunikation von Vorschriften und die Dokumentation kann ebenfalls beliebig umgesetzt werden. Außerdem ist der Einsatz und die Gestalt von Softwaretools und Sekundärprozessen frei wählbar. Die große Zahl der aufgeführten AP`s und AM`s untermauern diese Aussage. Hauptsache ist, dass die Vorschriften zur Zertifizierung der jeweiligen Behörde[32] eingehalten werden. Da das KM sehr stark mit den Geschäftsprozessen und der Strategie verknüpft ist und diese sich hin und wieder ändern, muss auch das KM verändert und verbessert werden. Auch neue Softwaretechniken und die Weiterentwicklung betriebswirtschaftlicher Erkenntnisse machen dies notwendig. Nils Brunsson -ein schwedischer Organisationsforscher- der sich mit dem Scheitern von Veränderungsprogrammen beschäftigt, liefert folgende Aussagen:„ Die zentrale Annahme moderner Managementkonzepte ist, dass sich Organisationen nach rationalen, einfachen und klaren Prinzipien gestalten und kontrollieren lassen. Aber Organisationen funktionieren nun mal nicht so. Sie brauchen viel implizites Wissen, ungeregelte Räume und Irrationalität.“[33] und „So verlangen zum Beispiel manche Qualitätsstandards formale Verfahrensbeschreibungen. Wenn Mitarbeiter diese tatsächlich befolgten und nur noch „Dienst nach Vorschrift“ machten, würden ihre Organisationen oftmals nicht mehr gut funktionieren.“[34] Diese Aussagen fordern ebenfalls Flexibilität in Serviceprozessen und die Freiheit für Mitarbeiter um eigenverantwortlich handeln zu können. Außerdem wirft dieses Interview die Frage auf, ob es sinnvoll ist ein KM für Veränderungs- und Managementprojekte zu entwickeln. Zusammenfassend darf festgehalten werden, dass das KM ein weitverbreitetes und unverzichtbares Werkzeug ist, um effektiv und transparent komplexe Konstruktionen zu entwickeln, erproben, dokumentieren, überwachen und zulassen zu können.

---

[32] Im Fall von Airbus ist das die EASA als Kunde dieses Primärprozesses.
[33] Vgl. URL_Havard
[34] Vgl. ebda. S.7.

Literaturverzeichnis

Verstegen, G. (2003): Konfigurationsmanagement, Berlin; Heidelberg, 2003

Stolzke, H. (2010): Arbeitgeber Airbus Teamplayer gesucht, in: Stolzke, H.
(Hrsg.): Flugrevue, Das Luft- und Raumfahrt-Magazin, Stuttgart 2010, S.78.

Airbus SAS (2003): Airbus Procedure 1007 Issue A: Configuration Management,
Blagnac, 2003

Airbus SAS (2005): Airbus Procedure 2541 Issue B: Product Structure, Blagnac,
2005

Airbus SAS (2008): CM Overwiew Presentation Issue C, Hamburg, 2008

Internetquellen

URL_EADS

https://www.airbusgroup.com/dam/assets/airbusgroup/int/en/investor-
relations/documents/2009/annual_report08_financial_statements_2008_en.pdf&r
ct=j&frm=1&q=&esrc=s&sa=U&ei=XeqTVLq_HYGwPbKogOgM&ved=0CBkQFjA
B&usg=AFQjCNGLkcxboFV0soTP_ZALCLMWKxxwuQ

URL_Airbus   http://www.airbus.com/en/careers/FAQs/

URL_CMII   http://www.icmhq.com

URL_Harvard   http://www.harvardbusinessmanager.de/heft/artikel/a-621442.html